Bibliografische Information der Deutschen Nationalbibliothek:

Die Deutsche Bibliothek verzeichnet diese Publikation in der Deutschen National-
bibliografie; detaillierte bibliografische Daten sind im Internet über http://dnb.d-
nb.de/ abrufbar.

Impressum:

Copyright © 2016 GRIN Verlag, Open Publishing GmbH
Druck und Bindung: Books on Demand GmbH, Norderstedt Germany
ISBN: 978-3-668-16906-7

Dieses Buch bei GRIN:

http://www.grin.com/de/e-book/317329/die-inuit-eine-uebersicht-ueber-die-tradi-
tionelle-lebensweise-und-anpassung

Jonas Stecher

Die Inuit. Eine Übersicht über die traditionelle Lebensweise und Anpassung an die Umwelt

GRIN Verlag

GRIN - Your knowledge has value

Der GRIN Verlag publiziert seit 1998 wissenschaftliche Arbeiten von Studenten, Hochschullehrern und anderen Akademikern als eBook und gedrucktes Buch. Die Verlagswebsite www.grin.com ist die ideale Plattform zur Veröffentlichung von Hausarbeiten, Abschlussarbeiten, wissenschaftlichen Aufsätzen, Dissertationen und Fachbüchern.

Besuchen Sie uns im Internet:

http://www.grin.com/

http://www.facebook.com/grincom

http://www.twitter.com/grin_com

DIE INUIT

Traditionelle Lebensweise und Anpassung an die Umwelt

SEMINARARBEIT
zur
REGIONALEN GEOGRAPHIE

WINTERSEMESTER 2015/16

Erstellt von
Jonas Stecher

LEOPOLD-FRANZENS-UNIVERSITÄT INNSBRUCK

FAKULTÄT FÜR GEO- UND ATMOSPHÄRENWISSENSCHAFTEN
INSTITUT FÜR GEOGRAPHIE

Innsbruck, Oktober 2015

I

Inhaltsverzeichnis

Zusammenfassung 3

1   Herkunft der Inuit und Entwicklung der Kultur 4

   1.1   Die Bezeichnungen „Inuit" und „Eskimo".................................... 4

   1.2   Die Abstammung der Inuit.. 5

   1.3   Die Besiedelung der Arktis.. 6

      1.3.1   Die Paläo-Eskimos - Pioniere der Arktis........................... 6

      1.3.2   Die Neo-Eskimos - Vorfahren der Inuit............................. 10

      1.3.3   Kulturtypen der Inuit 12

2   Traditionelle Lebensweise 13

   2.1   Jagdwaffen und Geräte... 13

      2.1.1   Die Harpune 13

      2.1.2   Pfeil und Bogen 14

      2.1.3   Der Fischspeer 15

      2.1.4   Transportmittel.. 15

      2.1.5   Kleidung 17

   2.2   Jagdtechniken.. 18

      2.2.1   Die Atemloch-Jagd 18

      2.2.2   Die Jagd auf offenem Meer 19

      2.2.3   Die Walrossjagd am Eisrand 20

      2.2.4   Die Jagd an Land 20

      2.2.5   Fischen.. 21

   2.3   Behausungen... 21

   2.4   Wirtschaftsweise und Gesellschaft 23

   2.5   Religion 25

3   Kontakte mit den Europäern und Akkulturation 27

   3.1   Historische Phase 27

3.2   Die Folgen der Akkulturation am Beispiel der Sankt Lorenz Insel............ 28

    3.2.1   Die St. Lorenz Insel und ihre Geschichte 28

    3.2.2   Innovation und Akkulturation 29

4   Literaturverzeichnis 33

5   Abbildungsverzeichnis... 35

Zusammenfassung

Die vorliegende Arbeit soll einen Überblick über die Kultur der Inuit geben. Dabei stehen der Ursprung und die Abstammung der Inuit, ihre traditionelle Lebensweise sowie der Wandel von der traditionellen zur modernen Lebensweise im Vordergrund.

Im Kapitel 1 wird das Volk der Inuit einleitend beschrieben. Dabei werden die Begriffe Eskimo und Inuit geklärt und es wird auf die Abstammung der Inuit eingegangen. Dafür werden auch die Erstbesiedlung der Arktis und die darauf folgende Entwicklung und Anpassung beschrieben.

Das Kapitel 2 stellt den Kern der Arbeit dar. Es wird die traditionelle Lebensweise der Inuit als Anpassung an die arktischen Bedingungen beschrieben. Dafür werden erst einige Waffen und Geräte vorgestellt. Darauf aufbauend werden diverse Jagdtechniken, traditionelle Behausungen, Wirtschaftsweise und Glaubensvorstellungen erläutert.

Im Kapitel 3 wird auf die kulturellen Umwälzungen eingegangen, welche der Kontakt mit den Europäern mit sich brachte. Dabei wird erst die sogenannte historische Phase der Inuit allgemein erklärt. Dann werden Details der Akkulturation der Inuit auf der St. Lorenz Insel exemplarisch aufgezeigt. Für die Inuit der St. Lorenz Insel gibt es interessante, detaillierte Studien. Man kann davon ausgehen, dass der Akkulturationsprozess in anderen von Inuit bewohnten Gebieten ähnlich abgelaufen ist.

1 Herkunft der Inuit und Entwicklung der Kultur

1.1 Die Bezeichnungen „Inuit" und „Eskimo"

Die Inuit sind eine indigene Volksgruppe, die in der Arktis lebt. Sie besiedeln das Gebiet von der Beringstraße (Ostsibirien, Alaska) über das arktische Kanada bis zur Ostküste Grönlands. Das Wort Inuit[1] (in manchen Gebieten auch Inupiat und Inuvialuit) bedeutet in der Sprache der Inuit, dem Inuktitut einfach „Menschen". Es ist somit eine Selbstbezeichnung. (Morrison, et al., 1996)

Das Wort „Eskimo" ist eine früher häufiger verwendete Sammelbezeichnung für alle im arktischen Gebiet lebenden Völker. Das Wort stammt aus der Sprache der Algonkin-Indianer und ist demnach eine Fremdbezeichnung. Daher wird er von vielen Inuit abgelehnt. Manchen Autoren zufolge heißt es so viel wie „Rohfleisch-Esser". In der Literatur findet sich aber auch die Bedeutung „Schneeschuhmacher". Die Bezeichnung „Eskimo" wird teilweise als abwertend empfunden, worauf in jüngster Zeit versucht wird, diese zu vermeiden. Allerdings ist die Bezeichnung „Inuit" kein Synonym für „Eskimo": Der Begriff „Eskimo" beinhaltet auch die weiter entfernten Vorfahren der Inuit. In einigen Gebieten der Arktis (Aleuten, Tschuktschen-Halbinsel) bezeichnen deren Bewohner sich selbst gar nicht mit „Inuit". Daher empfinden diese die Bezeichnung „Eskimo" nicht als politisch inkorrekt. (Morrison, et al., 1996), (Barnes, 1997), (McGhee, 1997)

Derzeit leben weltweit in etwa 150.000 Inuit.

In Alaska leben ca. 25.000 Inuit. Dies entspricht etwa 3,3 % der Gesamtbevölkerung. (United States Census, 2010)

In Kanada leben ca. 50.500 Inuit. Dies entspricht lediglich ca. 4,3% der dort lebenden Ureinwohner. Der Anteil an der Gesamtbevölkerung sind gar nur ca. 0,16 %. (Statistics Canada, 2008)

Die 49.000 in Grönland lebenden Inuit dagegen machen ca. 88% der Gesamtbevölkerung Grönlands aus. (Central Intelligence Agency, 2010)

Im russischen Föderationskreis ferner Osten leben ca. 1750 Eskimos (Inuit) sowie etwa 15000 Tschuktschen[2]. (Embassy of the Russian Federation, 2012)

---

[1] Inuk bedeutet „Mensch" (Singular) und Inuuk bedeutet „zwei Menschen" (Dual)
[2] Die Tschuktschen werden oft als Inuit-Gruppe gesehen, scheinen in dieser Quelle alber getrennt auf.

1.2   Die Abstammung der Inuit

Die hohe Arktis stellt den letzten größeren Lebensraum dar, der von Menschen im Holozän besiedelt wurde. Trotz der Größe ihres Verbreitungsgebietes sprechen die Inuit verschiedene Dialekte einer recht einheitlichen Sprache, dem Inuktitut. Neben der Sprache sind sie auch kulturell und hinsichtlich der körperlichen Merkmale eng miteinander verbunden. Die Inuit sind genetisch eng mit den Völkern Nordostasiens verwandt. Darauf deuten neben dem „Mongolenfleck"[1] die vergleichsweise geringe Körpergröße, die helle, aber gelbliche Hautfarbe, die kleine, fast rückenlose Nase, die dunkle Haarfarbe und die mandelförmigen Augen hin (siehe Abbildung 1). Die Inuit scheinen durch einen vergleichsweise hohen Grundumsatz und Blutkreislauf, geringe Gesichtsbehaarung und ausgeprägte Kiefer körperlich an ihren Lebensraum angepasst. Die Überlebensfähigkeit in der Arktis ist aber vorwiegend durch ihre Anpassungsfähigkeit zu begründen, welche sich in der Lebensweise, der Kultur und den Fertigkeiten zeigt. (Morrison, et al., 1996)

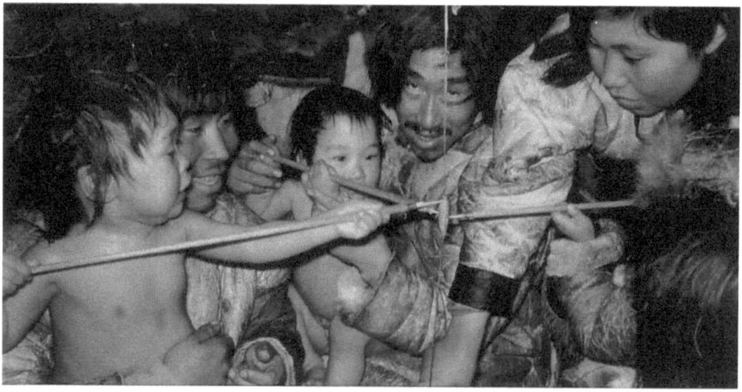

Abbildung 1: Inuitfamilie (Morrison, et al., 1996 S. 153)

---

[1] Pigmentierung am unteren Rücken von Kleinkindern, die sehr häufig bei Völkern Ostasiens auftritt

1.3 Die Besiedelung der Arktis

1.3.1 Die Paläo-Eskimos - Pioniere der Arktis

Die Arktis bietet aufgrund ihres Klimas günstige Bedingungen für die Konservierung von Überresten vergangener Kulturen. Gut erhaltene archäologische Funde zeigen, dass frühere Gruppen, welche die hohe Arktis Amerikas und Grönlands besiedelten, sich hinsichtlich Kultur, Lebensweise und sozialen Aspekten von den späteren Inuit unterschieden. Diese Gruppen werden aufgrund desselben Lebensraumes als Paläo-Eskimos bezeichnet. Dünne, präzise bearbeitete Feuersteinklingen[1] wurden in ähnlicher Weise sowohl im arktischen Nordamerika als auch auch im östlichen Sibirien und am Baikalsee gefunden. Diese Artefakte weisen darauf hin, dass derartige handwerkliche Techniken von Eurasien in die Neue Welt gebracht wurden. Überreste von Siedlungen früher Paläo-Eskimos zeigen eine ähnliche Struktur wie jene in Sibirien: Ein ringförmiger Kreis aus ballgroßen Steinblöcken, die vermutlich zum Befestigen des Zeltrandes dienten. Diametral war ein Mittelgang aus Steinplatten angelegt, in dessen Zentrum sich die Feuerstelle befand. Außerdem zeigen aus Fellen zusammengenähte Kleider, der Reflexbogen (siehe Absatz 2.1.2) und Kunstgegenstände eine verblüffende Ähnlichkeit mit den Funden aus dem Osten Sibiriens. (McGhee, 1997)

Man geht heute aufgrund von archäologischen und genetischen Forschungen sowie Radiokarbon-Datierungen davon aus, dass die Paläo-Eskimos etwa zwischen 3500 und 2000 v.Chr. über die im Winter zugefrorene Beringstraße (über die Diomede-Islands) vom Osten Sibiriens nach Alaska einwanderten. Oberhalb der polaren Baumgrenze fanden diese Pioniere eine Tundralandschaft und Karibu-Herden vor, wie sie es von Sibirien kannten. Die Besiedelung erfolgte nun in der meeresnahen Tundra sowohl südwärts bis zu den Aleuten, als auch nach Norden entlang der Beaufortsee zum Mackenzie-Delta (siehe Abbildung 2). Daher wurden die südlich und im Landesinneren liegenden Wälder aufgrund der dort siedelnden Dene-Indianer gemieden. (McGhee, 1997), (Morrison, et al., 1996)

---

[1] In der englischsprachigen Literatur als *Microblades* bezeichnet.

Abbildung 2: Erste Ausbreitung der Paläo-Eskimo von Sibirien aus.
(Kartengrund: Haak Weltatlas-Online, Inhalt nach McGhee, 1997 S. 77)

Im Mackenzie Delta und den Ebenen der südlich davon gelegenen „Barren Grounds" waren Karibu-Herden im Spätsommer an Flussüberquerungen leicht jagdbar. Zudem stießen die Pioniere auf unbekannte Tiere, welche hier durch die Isolation nach dem letzten Glazial länger überleben konnten. Vor allem den Herden an Moschusochsen kam eine Besondere Bedeutung zu, da die Tiere mit dem Bogen trotz ihrer Größe einfach zu erlegen waren (siehe Abbildung 3).

Abbildung 3: Jagd auf Moschusochsen (McGhee, 1997 S. 56f)

Die weitere Besiedelung der östlichen Arktis mit hohen, vergletscherten Gebirgen (Baffin Island, Labrador, Ellesmere Island und Grönland) beschränkte sich auf die Küstengebiete. Dies hatte eine Umstellung zu einer verstärkt maritimen Lebensweise zur Folge. Hier wurde die Jagd auf Meeressäuger, die bereits in Sibirien bekannt war zur Lebensgrundlage. Die Kultur im Norden Grönlands wird Independence[1]-Kultur genannt. Aus den weiter südlich im Bereich der Disko-Bucht angesiedelten Paläo-Eskimo ging die sogenannte Saqquaq[2]-Kultur hervor. Um ca. 2000 v. Chr. waren bereits weite Gebiete der Nordamerikanischen Arktis besiedelt. (McGhee, 1997), (Morrison, et al., 1996)

---

[1] Benannt nach den Funden am grönländischen Independence-Fjord
[2] Benannt nach der Ortschaft Saqqaq in der Gegend der Disko-Bucht

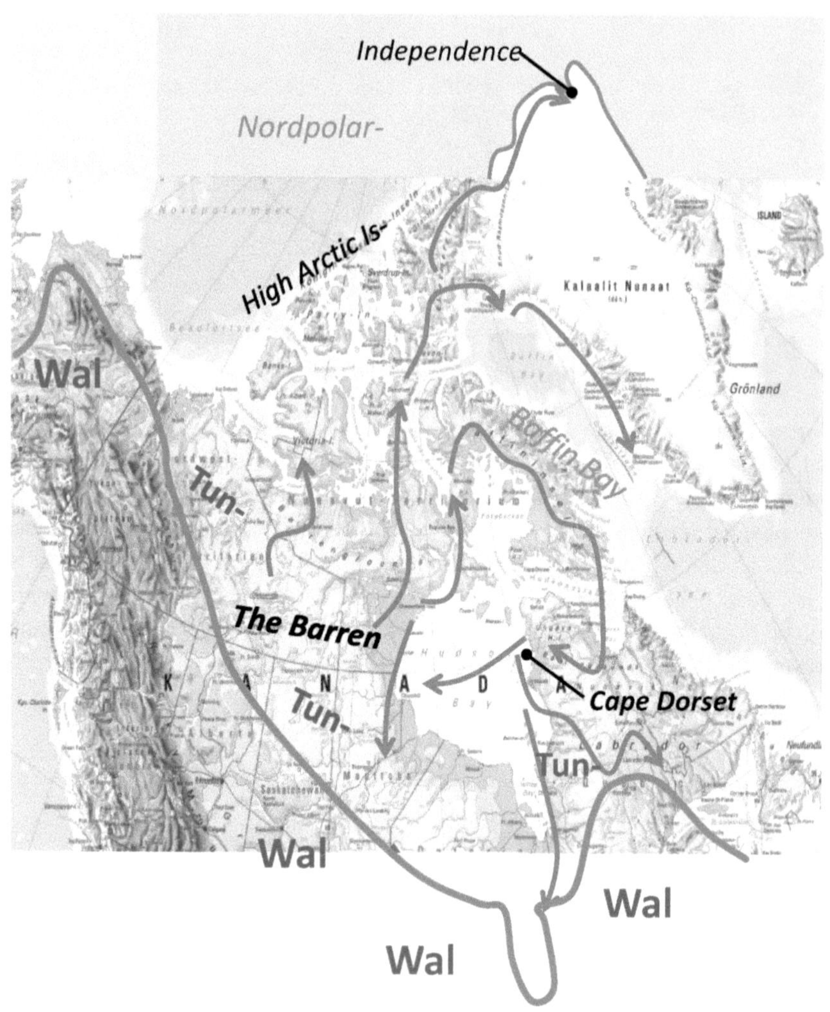

Abbildung 4: Weitere Einwanderung der Paläo-Eskimo in die östliche Arktis.
(Kartengrund: Haak Weltatlas-Online, Inhalt nach McGhee, 1997 S. 97)

Zwischen 1000 und 500 v. Chr. kam es zu einer beschleunigten Weiterentwicklung der hocharktischen Kulturen, die möglicherweise mit einem kühleren, unberechenbarerem Klima zusammenhängt. Ein kühleres Klima bot eine längere Saison für die Jagd am Eis, allerdings schwierigere Bedingungen für die inländische Jagd. Anpassungsversuche mit Wanderungen führten zu einem intensiveren kulturellen Austausch. Bekannte Werkzeuge wurden deutlich verbessert. Darunter gab es sogar Klingen aus kaltgeschmiedetem Eisen, das aus Meteoriten gewonnen wurde. Zudem wurden neue Werkzeuge und Geräte wie

Steinlampen erfunden. Halbunterirdische steinerne Behausungen wurden errichtet und das Schneeiglu als temporäre Unterkunft erfunden (sieh Absatz 2.3). Die Siedlungen lagen verstärkt in Küstennähe während das Landesinnere wieder aufgegeben wurde. Diese sogenannte Dorset-Kultur (ca. 500 v. - 1000 n. Chr.) war sehr gut auf das Leben und die Jagd am Eis angepasst. Es gibt archäologische Belege dass diese Menschen sich besser ernährten und nun auch Kunstgegenstände in Zusammenhang mit Schamanismus herstellten. Die Kultur war aber merklich weniger stark entwickelt als die später dort lebenden Inuit. (Morrison, et al., 1996), (McGhee, 1997)

Abbildung 5: Fein gearbeitete Werkzeuge der Paläo-Eskimo (1000 - 500 v. Chr.)
(McGhee, 1997 S. 148 plate 1)

Genetische Forschungen zeigen, dass die DNA der Paläo-Eskimos über Jahrtausende isolierte blieb. Es wird vermutet, dass die Paläo-Eskimo Eheschließungen mit den Vorfahren der Inuit vermieden. Ab ca. 1000 n. Chr. kamen die Dorset-Menschen in Grönland in Kontakt mit den ersten Wikingern. (Vanaland, 2014)

1.3.2   Die Neo-Eskimos - Vorfahren der Inuit

Parallel dazu entwickelten die in Alaska zurückgebliebenen Paläo-Eskimos aufgrund der günstigeren Bedingungen (meist eisfreie Meere) eine weiter fortgeschrittene Lebensweise. Diese sogenannten Neo-Eskimos konnten Harpunenspitzen aus verschiedenen Materialien, darunter Metall herstellen (siehe Abbildung 6). Sie verwendeten sogar verhüttetes Eisen, welches sie aus Sibirien bezogen. Außerdem besaßen sie mit Tierhaut bespannte Boote, um aufs offene Meer hinaus zu kommen. Die Erfindung des Harpunenschwimmers aus Robbenfell ermöglichte nun die Jagd auf offenem Meer. Sie wohnten in dauerhaften Wintersiedlungen und benutzten Hundeschlitten als Transportmittel. Diese Beringsee-Kultur wird als Vorstufe der Inuit gesehen.

Im Zuge einer Klimaerwärmung (Mittelalterliches Optimum) ab ca. 600 n.Chr. kam es zu Wanderungen gegen Norden und Westen, wodurch sich die sogenannten Thule[1]-Inuit nach Kanada und Grönland ausbreiteten. Wahrscheinlich folgten sie nach Norden ziehenden Beutetieren. Für die Dorset-Menschen dagegen stellte die Klimaerwärmung mit den sich ändernden Jagdbedingungen eine schwierige Herausforderung dar. Dies zeigt sich auch in der stärker ausgeprägten künstlerischen und schamanischen Tätigkeit. Durch die Expansion wurden die Dorset-Menschen aber auch Wickinger in Grönland verdrängt. Ob es dabei zu kriegerischen Zusammenstößen kam ist nicht genau geklärt, es wird aber nicht ausgeschlossen. Die Thule-Kultur erreichte um 1200 n. Chr. ihren Höhepunkt. Thule-Inuit machten sehr erfolgreich Jagd auf Meeressäuger, von Robben bis hin zu Walen. Sie wohnten in Dörfern und verfügten eine ausgeprägte Sozialstruktur. Ihre Winterhäuser (*Quarmaq*) errichteten sie mit einem Gerüst aus Walknochen, die mit Fellen bespannt und mit einer Torf- oder Moosschicht gedämmt wurden. Zum Schutz wurde oftmals eine zweite Lage Fell und eine Schicht Schnee aufgetragen. Die Behausung wurde mit aus Blubber gepresstem Öl beheizt. Ein Temperaturrückgang (ab ca. 1200 bis hin zur „kleine Eiszeit") führte zu einer längeren saisonalen Dauer des Meereises, wodurch die Walbestände zurückgingen. Die Gebiete der hohen Arktis wurden nach und nach aufgegeben, wobei sich die Inuit-Völker nun vermehrt von Karibu-Herden, vom Fischfang und von der Robbenjagd am Eis lebten. Anstelle der permanenten Siedlungen kamen temporäre Camps mit Zelten im Sommer und Schneeiglus im Winter. (Morrison, et al., 1996), (McGhee, 1997)

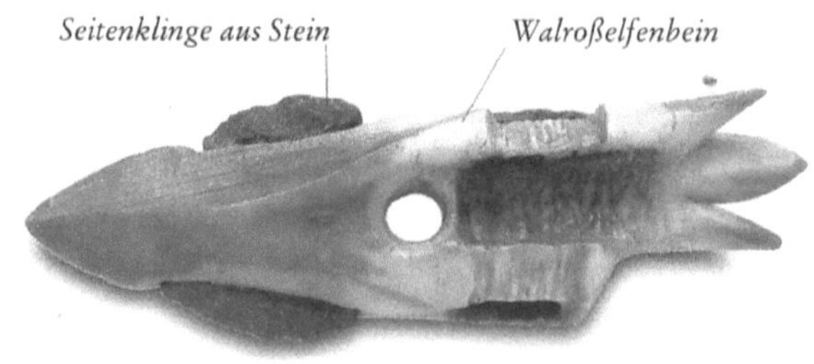

Abbildung 6: Harpunenspitze aus Elfenbein mit eingesetzten Steinklingen der Thule-Kultur
(Morrison, et al., 1996 S. 40)

---

[1] Nach dem Ort Thule (*Qaanaaq*) im Nordwesten Grönlands benannt

1.3.3   Kulturtypen der Inuit

Innerhalb der Inuit gibt es verschiedene Gruppen, die sich aufgrund ihrer Vorgeschichte und durch die Anpassung an die klimatischen Verhältnisse unterschiedlich entwickelten. Auf die einzelnen Gruppen wird hier nicht im Detail eingegangen. Man kann aber die Gruppen grob in folgende Typen einteilen:

- Hocharktischer Kulturtyp: Das Meer bleibt hier über einen Großteil des Jahres gefroren. Die Inuit lebten daher vorwiegend von der Jagd am Atemloch (siehe Absatz 2.2.1) aber auch von der Robben- und Walrossjagd am Eisrand. Im Winter wohnten sie in Schneehäusern auf dem Packeis, im Sommer an Land.
- Inländischer Kulturtyp: Die Nahrungsbeschaffung erfolgt hauptsächlich durch die Jagd auf Karibu-Herden und ergänzend durch den Fischfang an Binnengewässern (siehe Absatz 2.2.4). Diese Inuit lebten in Häusern, zeitweise auch halbnomadisch in Zeltcamps.
- Subarktischer oder maritimer Kulturtyp: In milderen Gebieten im Westen (z.B. beidseitig der Beringstraße) bleibt das Meer fast ganzjährig eisfrei. Die Jagd auf Meeressäuger erfolgt im offenen Meer (siehe Absatz 2.2.2). Die Waljagd ist daher stärker entwickelt. Es gibt auch leichte Einflüsse von nordwestindianischen Kulturen. Subarktische Inuit lebten die meiste Zeit ortsgebunden.

(Khazaleh, 2003), (Lindig, 1972)

2 Traditionelle Lebensweise

2.1 Jagdwaffen und Geräte

2.1.1 Die Harpune

Die absolut wichtigste Jagdwaffe der Inuit war die Harpune. Hauptzweck der Harpune war nicht, das Beutetier zu töten sondern vorerst lediglich festzuhalten. Die Harpunenspitze aus Knochen oder Walrosselfenbein war mit einer Metall- oder Steinklinge bewehrt und mittig an einer Harpunenleine befestigt. Wurde die Harpunenspitze durch Haut und Blubber[1] in das Muskelfleisch des Beutetieres gestoßen, löste sie sich vom Harpunenvorschaft und stellt sich darin quer. Dadurch wurde die Harpunenleine im Tier verankert. Das Tier konnte nun an der Leine festgehalten werden oder mit Schwimmern bestückt werden. (Morrison, et al., 1996)

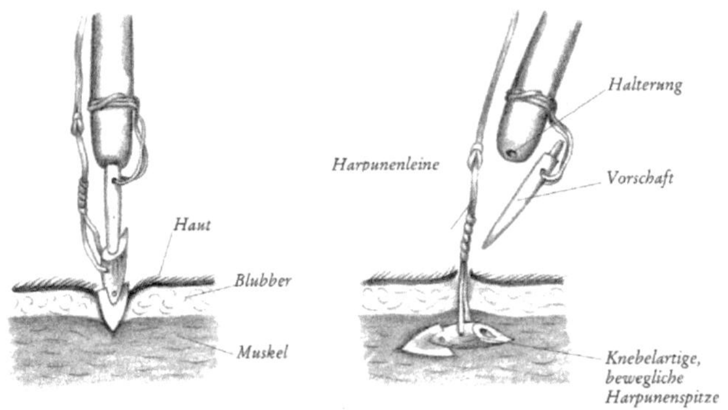

Abbildung 7: Funktionsprinzip der Inuit-Harpune (Morrison, et al., 1996 S. 74)

Je nach Einsatzbereich wurden verschiedene Typen verwendet. Für die Jagd vom Kanu oder vom Eisrand aus wurden leichte Wurfharpunen mit herauslösendem Vorschaft mittels eines Wurfbretts geschleudert. Bei der Atemlochjagd fanden Harpunen mit einem sehr langen und fixen Vorschaft Verwendung. Die größeren und schwereren Harpunen für die Waljagd vom Umiak aus wurden mit beiden Händen gestoßen.

---

[1] Unter der Haut liegende Fettschicht von Meeressäugern

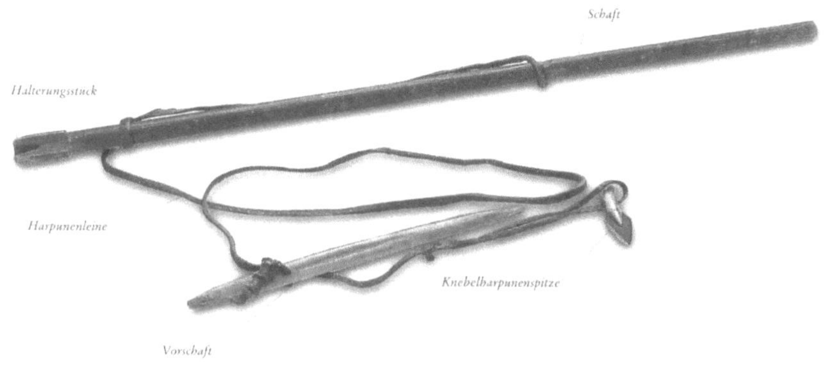

Abbildung 8: Atemloch-Harpune (Morrison, et al., 1996 S. 77)

2.1.2 Pfeil und Bogen

Bei den meisten Inuit-Gruppen war eine Art Komposite-Reflexbogen sowohl als Jagd- als auch als Kriegswaffe verbreitet (siehe Abbildung 9). Da Treibholz allein für den Bogenbau zu spröde wäre, wurde dieses auf der Druckseite mit Horn und auf der Zugseite mit geflochtenen Tiersehnen überzogen. Zudem werden dadurch die verschiedenen Materialen optimal ausgenützt. Das Bogenholz bestand aus drei miteinander in einem Winkel verklebten Holzteilen: Zwei separate Endversteifungen wurden schräg an das Hauptholz verklebt, wodurch sich die Abschussgeschwindigkeit erheblich steigert. In manchen Gegenden wurden auch Walbarten für den Bogenbau verwendet. (Morrison, et al., 1996), (Lindig, 1972)

Abbildung 9: Komposit-Reflexbogen der Inuit
(https://www.pinterest.com/pin/427982770810069936/)

2.1.3   Der Fischspeer

Der Fischspeer bestand aus einem Holzschaft mit drei Zinken. Die mittlere Zinke war aus
Geweih oder Kupfer und wies in manchen Fällen auch Widerhaken auf. An den Seiten des
Holzschaftes waren zwei Geweihspitzen flexibel angebracht, die mit Kupferhaken versehen waren. Beim Aufspießen eines Fisches auf der Mittelzinke bogen sich die Kupferhaken auseinander und hielten diesen dann fest. (Morrison, et al., 1996), (Lindig, 1972)

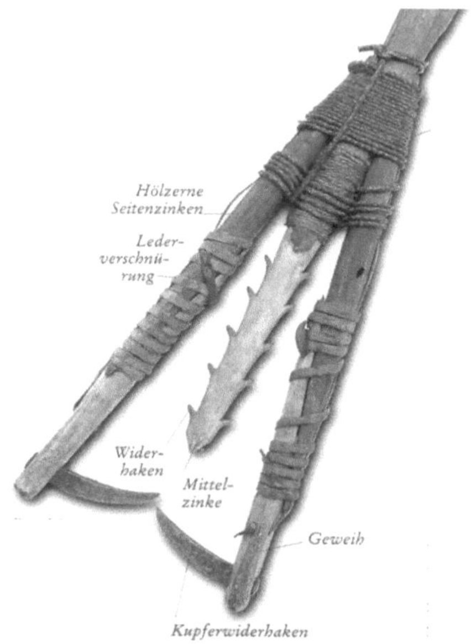

Abbildung 10: Spitze eines Fischspeeres (Morrison, et al., 1996 S. 121)

2.1.4   Transportmittel

Boote

Die Inuit benutzen zwei Bootstypen, das *Kajak* und das *Umiak*. Holz war in der Arktis
meist rar und nur als Treibholz vorzufinden weshalb damit sparsam umgegangen wurde.
Beide Bootstypen bestanden aus einem Gerüst aus Holzrippen, das mit einer straff ge-
spannten Robben- oder Walrosshaut überzogen wurde. Dafür wurde die dicke Haut der
Meeressäuger gespleißt, um die doppelte Fläche zu erhalten. (Wickler, 1993)

Das *Kajak* war ein schnittiges Jagdboot, welches für eine Person konzipiert war. Das Kajak wurde mit verschiedenen für die Jagd notwendigen Waffen und Utensilien ausgestattet
und mit einem Doppelpaddel bewegt. Die Sitzöffnung war von einem Ring umgeben, um

die eine wasserdichte Schutzjacke aus Leder oder Gedärmen befestigt werden konnte. Dadurch konnte nach dem Kentern das Boot durch einen kräftigen Paddelschlag wieder aufgerichtet werden, ohne dass Wasser in das Boot eintritt oder gar der Paddler ins Wasser fiel. Diese Technik wurde in Europa als „Eskimorolle" bekannt. Letztere wurde nämlich zusammen mit dem Bootstyp Kajak für sportliche Zwecke übernommen. (Morrison, et al., 1996), (Lindig, 1972)

Abbildung 11: Traditionelles Kajak mit Jagdausrüstung
(Morrison, et al., 1996 S. 132f)

Das *Umiak* dagegen war ein großes offenes Boot, das sowohl für den Walfang als auch für den Transport verwendet wurde. Es wird mit mehreren kurzen Paddeln oder auch mit Segeln aus Darmhaut bewegt. (Morrison, et al., 1996), (Lindig, 1972)

Abbildung 12: Traditionelles Umiak (Morrison, et al., 1996 S. 127)

Schlitten und Hunde

Im Winter war der Hundeschlitten das wichtigste Transportmittel. Der etwas kleinere Hochschlitten wurde zum Reisen und für die Jagd verwendet. Der größere Flachschlitten diente zum Transportieren schwerer Lasten wie Zelte, Boote und Fleisch. Er war ähnlich wie eine Leiter aufgebaut: Zwei spitz zulaufende Kufen, an denen mit Lederriemen die Querstreben befestigt wurden. Die Unterseite der Kufen wurde mit Torf beschichtet. Dieser konnte dann zur Verminderung der Reibung mit einer Schicht aus Eis überzogen werden.

Abbildung 13: Hoch- und Flachschlitten (http://www.mandragoras-schule.de/schule/unterricht/5_klasse/voelker1.html)

Die Inuit hielten und züchteten Hunde, die im Winter Schlitten ziehen und im Sommer Lasten tragen mussten. Durch die Isolierung bildeten sich spezielle Hunderassen, die allgemein unter dem Namen *„Husky"* bekannt sind. Die Hunde wurden mit Essensresten und tierischen Abfallprodukten gefüttert. (Morrison, et al., 1996)

2.1.5   Kleidung

Die Kleidung der Inuit war nach dem Mehr-Schicht-Prinzip konzipiert, wodurch sie sehr warm und dennoch leicht waren. Die Kleidungsstücke wurden aus Karibufellen zusammengenäht. Die untere Kleidungsschicht bestehend aus einer kürzeren Hose einem Oberteil und Fellstrümpfen wurde mit der Haarseite zum Körper getragen. Die darüber liegende Schicht, eine lange Hose ein Parka und Stiefel trug man mit der Haarseite nach außen. Durch die dazwischen eingeschlossene Luft ergab sich eine gute Wärmedämmung. Der Frauenparka war feiner verziert und weiter geschnitten, um darunter auf dem Rücken ein Baby tragen zu können. Die Männerkleidung war dagegen meist wärmer. Im Sommer wurden auch wasserdichte Kleidung und Stiefel aus Robbenfell getragen.

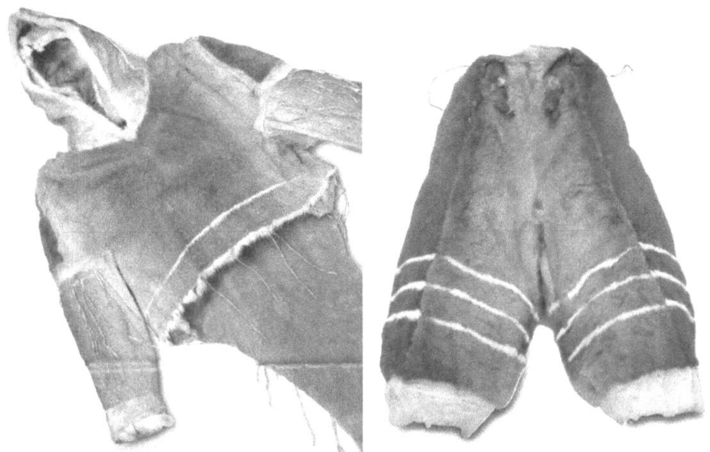

Abbildung 14: Männerparka und -hose aus Karibufell (Morrison, et al., 1996 S. 63)

2.2 Jagdtechniken

2.2.1 Die Atemloch-Jagd

Robben tauchen in ca. 20-minütigen Intervallen auf, um Luft zu holen. Dafür legen sie im Eis mehrere Atemlöcher an, die sie regelmäßig aufsuchen, um ihr Zufrieren zu verhindern. Diese Löcher sind im Hochwinter mit Schnee bedeckt und wurden daher mit der Hilfe von Hunden aufgespürt. Dann wurde ein Stab aus Geweih durch den Schnee in das Atemloch eingeführt, an dem der Jäger nach langem Warten eine auftauchende Robbe erkennen konnte. Dann stieß der Jäger die Harpunenspitze mit der daran befestigten Fangleine in den Kopf der Robbe. Anschließend wurde das Atemloch ausgeweitet und die Robbe an der Fangleine auf das Eis gezogen, wo sie getötet wurde. (Morrison, et al., 1996), (Canada, 1986)

Abbildung 15: Illustration: Inuit bei der Atemloch-Jagd (Morrison, et al., 1996 S. 76f)

Wenn im Frühling die Eislöcher ohne Schneebedeckung offen lagen, wurde die Atemloch-jagd in der Gruppe durchgeführt: An vielen Eislöchern stellten sich Jagdhelfer wie Kinder und Frauen. Sobald eine Robbe auftauchen wollte, wurde sie von den Jagdhelfern daran gehindert, worauf die Robbe ein anderes Loch aufsuchte. Irgendwann kam sie so an das Loch, an dem der Jäger mit der Harpune bereit stand. Gelegentlich kommen Robben im Frühling auf das Eis, um sich zu sonnen. Geschickten Jägern gelang es dann, sich lang-sam an die Tiere heranzupirschen und sie überraschend zu harpunieren. (Morrison, et al., 1996)

2.2.2   Die Jagd auf offenem Meer

Gruppenjagd im Umiak

Im Sommer konnten große Nar- und Grönlandwale auf offenem Meer gejagt werden. Be-sonders bedeutend war die Waljagd für Inuit-Gruppen, welche in der Nähe der großen Grönlandwalpopulation an der Beringstraße und der nördlichen Hudson-Bay lebten. Die Erfindung des Harpunenschwimmers ermöglichte die Jagd mit der Harpune auf offenem Meer. Da für die Waljagd eine größere Mannschaft benötigt wurde diente das etwas größere Umiak als Transportmittel. Die Zusammensetzung der Mannschaft und die Aufteilung der Beute unterlagen dem sozialen Gefüge der Sippe. Der Kapitän saß am Heck des Bootes und bediente das Steuerruder. Er hatte am meisten Erfahrung in der Jagd. Der Harpunierer saß im Bug des Bootes und hatte so den besten Beobachtungsposten inne. Hinter ihm saßen die Schwimmerwerfer, dahinter die Ruderer. Wurde ein Wal gesichtet, so versuchte man sich möglichst leise zu nähern um ihn zu harpunieren. Dann wurden die an der Harpune befestigten Schwimmer über Bord geworfen. Einerseits wurde der Wal so markiert, wodurch ihm mit dem Umiak gefolgt werden konnte. Andererseits führte die Bremskraft der Schwimmer zu einer Ermüdung des Wals. Der Wal wurde nun verfolgt und weitere Male mit Schwimmerbündeln harpuniert. Sobald der Wal durch das Schleppen der vielen Schwimmerbündel erschöpft war wurde ihm mit einer Lanze die Schwanzflosse abgeschnitten. Dann wurde er von der Mannschaft mit Lanzen erlegt. Besonders begehrt war das *Maktaaq*, in Stücke geschnittene Walhaut mit darunter liegender Fettschicht. (Wickler, 1993)

Individualjagd im Kajak

Für die Jagd vom Kajak aus wurden Wurfharpune, Lanze und sonstige Utensilien mit Riemen auf dem Kajak befestigt. Die Harpunenleine wurde auf einer Spule vor dem Paddler aufgewickelt und ihr Ende mit einem Schwimmer verbunden, der hinter dem Paddler auf dem Kajak lag. Nach dem Harpunieren des Beutetieres konnte sich so die Leine selbst abwickeln und den Schwimmer ins Wasser ziehen. Der Jäger konnte dann dem Tier folgen und es mit der Lanze erlegen. (Morrison, et al., 1996)

2.2.3   Die Walrossjagd am Eisrand

Das Walross stellte neben Robbe und Wal ein wichtiges Beutetier dar. Ausgewachsene Bullen können ein Gewicht von über einer Tonne erreichen, was die Jagd wesentlich schwieriger und gefährlicher macht. Da Walrosse sich Jägern gegenüber äußerst aggressiv verhalten, ist es nahezu unmöglich, sie vom Kajak aus zu jagen. Daher wurden Walrosse in der Regel vom Eisrand aus mit besonders scharfen Spitzen harpuniert, wobei die Leine im Eis verankert wurde. Wenn das Tier die Leine etwas locker ließ, wurde es Stück für Stück näher an die Kante gezogen und dort mit Lanzen getötet. (Morrison, et al., 1996)

2.2.4   Die Jagd an Land

Die Jagd auf Karibus (*Tuktu*), die Lebensgrundlage der Paläo-Eskimo wurde auch von den Inuit beibehalten (siehe Abbildung 16). Sie erfolgte vorwiegend im Sommerhalbjahr, bevorzugt im September. Die Herden wurden auf ihren festen Wanderrouten an Flussquerungen abgepasst da sie hier an der Flucht gehindert waren. Bei der Treibjagd wurden die Tiere von größeren Gruppen in Seen getrieben. Dort konnten sie relativ einfach vom Kanu aus mit Lanzen getötet werden. Alternativ wurden die Tiere in Abzäunungen getrieben und dort mit Pfeil und Bogen erlegt. Eisbären und Moschusochsen konnten mit Hunden zusammengetrieben und dann mit Lanzen getötet werden. (Khazaleh, 2003 S. 6)

Abbildung 16: Das Karibu, wesentliches Jagdwild der Inuit (http://www.alaska-info.de/landleute/tierwelt/karibu_002.jpg)

Bei der Treibjagd mit kleineren Gruppen wurden Reihen aus primitiven, mit Kleidern versehenen Steinfiguren aufgestellt, um die Tiere in eine gewünschte Richtung zu lenken. (Morrison, et al., 1996)

Inländische Inuit jagten Vögel wie Möwen, Enten, Gänse, Tauchervögel, und kleinere Säugetiere wie Hasen und Füchse. Die Tiere wurden mit Pfeil und Bogen (siehe Absatz 2.1.2) aber auch mit Schlagfallen und Köderhaken gefangen. (Morrison, et al., 1996)

2.2.5   Fischen

Der Fischfang war bei den Inuit eine Ergänzung zur Jagd. Im Winter wurden dazu auf Seen Eislöcher gegraben. Dann wurde ein Stück Fisch als Köder an einem widerhakenlosen Kupferhaken gespießt und an einer Leine aus Sehnen in das Loch gehalten. Es erforderte viel Geschick, um den anbeißenden Fisch an der Leine zu spüren und dann durch kontinuierlichen Zug an der Leine zu verhindern, dass sich der Fisch wieder befreien konnte. Im Sommer wurden die Fische mit einem dreizinkigen Fischspeer aufgespießt (siehe Absatz 2.1.3). Beim Fischen auf Seen wurden dafür die Fische erst mit Ködern angelockt. In Flüssen dagegen wurden kleine Steindämme mit Löchern gebaut. Damit konnten zum Laichen flussaufwärts ziehenden Fische in kleinen Becken konzentriert werden. (Morrison, et al., 1996)

2.3   Behausungen

Bei den Inuit gibt es je nach Kulturtyp (siehe Absatz 1.3.3) unterschiedliche Behausungsformen. Das kuppelförmige Zelt wurde als Sommerbehausung bei der Jagd auf dem Festland verwendet (siehe Abbildung 17). Die Stangen des Zeltes wurden mit Steinen verankert. Der Boden wurde mit Holz belegt. Bei kalter Witterung wurde ein Außenzelt darüber gespannt.

Abbildung 17: Typisches Zelt der Inuit (http://www.paradeast.de/
http://www.dreamies.de/show.php?gal=ljkiraxr&gali=15&galpage=1&img=oervlfagb
f2.jpg)

Das für die Thule-Kultur typische *Qarmaq* wurde als permanente Behausung weiterentwickelt: Das Gerüst aus Treibholzbalken wurde mit Rundhölzern und Erde bedeckt (siehe Abbildung 18). Im Norden Grönlands wurden Häuser aus Steinplatten errichtet, wobei ein Zwischenraum mit Erde und Torf gedämmt wurde. Die Inuit lebten halbnomadisch. (Morrison, et al., 1996)

Abbildung 18: Illustration eines *Quarmaq* (Morrison, et al., 1996 S. 34)

Das Schneehaus (*Iglu*) kam bei den meisten Inuit-Gruppen lediglich als einfache temporäre Behausung auf Jagdzügen vor. Bei den Inuit des hocharktischen Typs (Zentralarktis Kanadas) war es üblich, den Winter auf dem Meereis zu verbringen. Da hier Schnee als einziges Baumaterial zur Verfügung stand, wurde das Schneehaus als komfortable Dauerbehausung errichtet (siehe Abbildung 19). Für den Bau eines *Iglus* wurden erst mit einem Schneemesser aus Knochen oder Geweih rechteckige Blöcke aus festem, windgepresstem Schnee gesägt. Diese wurden dann spiralförmig so übereinandergelegt, dass sie sich nach oben hin immer stärker nach innen neigten. Dadurch entstand ein Kuppelbau, der ohne Stützen stabil stand. Als Fenster wurde ein transparenter Eisblock eingebaut.

Der etwas tiefer liegende Eingangstunnel wirkte als „Kältefalle". Innen wurde das Iglu mit Fellen ausgekleidet, was eine Innentemperatur von bis zu 5°C ohne das Antauen der Wände ermöglichte. Die Iglus von mehreren Familien wurden mit Gängen verbunden. Die Inuit des subarktischen Kulturtyps kannten das Schneehaus nicht. Sie lebten in maritim geprägten Gebieten mit milden oder gar schneefreien Wintern. (Lindig, 1972), (Morrison, et al., 1996)

Abbildung 19: Illustration einer Iglu-Siedlung (Morrison, et al., 1996 S. 34f)

2.4 Wirtschaftsweise und Gesellschaft

Die traditionelle Tätigkeit oder Arbeit der Inuit kann als Subsistenzwirtschaft gesehen werden, also als Mittel zur unmittelbaren Befriedigung der Bedürfnisse. Während die Fleischvorräte im Winter im Schnee eingefroren werden konnten, mussten sie im Sommer konserviert werden. Fisch und Fleisch konnten in den kühlen Sommermonaten gut getrocknet werden. Daneben gab es die Möglichkeit, Fleisch unter Öl aus Blubber zu konservieren. Dafür konnte der Geschmack des Fleisches vorher durch leichte Fermentierung verändert werden. (Morrison, et al., 1996)

Das private Eigentum war auf Jagdwaffen und Haushaltsgeräte beschränkt. Die Produkte hatten zwar einen Gebrauchs- aber keinen monetären Warenwert. Sie galten nicht als Privatbesitz sondern hatten einen Gemeinschaftscharakter. Die Beute der Gruppenjagd wurde entsprechend der Hierarchie verteilt (Distribution). Durch die Reziprozität wurden Ungleichheiten innerhalb der Gruppe aufgrund unterschiedlichen Jagderfolges in der Individualjagd ausgeglichen (vergl. 3.2.2, Geld- und Lohnarbeit). (Peter Douglas, 1995)

Innerhalb der Inuit-Gruppen, besonders zwischen Inlandtypen und maritimen Typen fand ein reger Tauschhandel statt. Neben sporadischem Handel gab es auch Märkte, die sich zu Festlichkeiten entwickelten. Neben den verschiedenen tierischen Produkten wurden auch Rohstoffe wie Meteoreisen, Kupfer, Speckstein und Holz gehandelt. Dabei stand aber der Austausch und nicht der Profit im Vordergrund. (Lindig, 1972), (Morrison, et al., 1996)

Die Gesellschaft der Inuit war nicht auf Stämme mit Häuptlingen aufgebaut, sondern auf Familien, sogenannten Blutverwandtschaftsbanden. Das Lager oder Dorf setzte sich aus mehreren solcher Verwandtschaften zusammen. Die Basis jeder Familie war das Zusammenleben von Mann und Frau. Der Mann beschaffte die Jagdbeute und stellte Waffen und Geräte her. Die Frau dagegen zerlegte und verarbeitete die Beute und fertigte Zelte und Kleider her. Die „Eheschließung", welche ohne Zeremonie stattfand war zwischen Kreuzcousinen erlaubt, aber zwischen Parallelcousinen und Geschwistern verboten. Polygynie[1] und sogar Polyandrie[2] war erlaubt, kam aber selten vor. Die Sitte des Frauentausches allerdings war weit verbreitet. Eine Partnerschaft zwischen zwei Männern verband auch ihre Familien miteinander. Der Frauentausch zwischen den Männern bekräftigte diese Partnerschaft. Alleinstehende Jäger konnten auf längeren Jagdreisen eine „geliehene" Frau mitnehmen. Diese Tradition verminderte die Gefahr der genetischen Verarmung in den Familien. (Lindig, 1972), (Morrison, et al., 1996)

Bei den Inuit gab es keine Gesetze, aber dennoch anerkannte Verhaltensregeln. Da den Gesellschaften der hocharktischen Typen Autoritäten fehlten, war man auf sich selbst oder die Unterstützung der Familie angewiesen. Geiz und Diebstahl wurden mit dem Spott der Gruppe bestraft. Streitereien wurden dagegen mit Faustkämpfen geklärt. Schwerere Vergehen und Rivalitäten um Frauen wurden oftmals mit Mord geächtet, auf den wiederum die Blutrache folgte. Bei den subarktischen Typen konnten Bootskapitäne eine gewisse Autorität ausüben.

Aufgrund der geringen Bevölkerungsdichte waren kriegerische Auseinandersetzungen in der hohen Arktis selten. In Alaska und am Mackenzie-Delta dagegen kamen kriegerische Zusammenstöße sowohl zwischen den Inuit-Gruppen als auch mit den angrenzenden Indianern relativ häufig vor. Dabei kamen Jagdwaffen wie Lanzen, Pfeil und Bogen sowie Giftpfeile zum Einsatz. (Lindig, 1972), (Morrison, et al., 1996)

Alte und gebrechliche Menschen, die keinen Beitrag mehr zum Überleben leisten konnten, wurden in Zeiten der Nahrungsknappheit zu einer großen Belastung für die Gruppe. Dann kam es vor, dass Alte in der Wildnis zurückgelassen wurden. Ebenso war der Kindermord eine gängige Praxis, wenn sich die Familie kein weiteres Kind leisten konnte. Da Jungen im Gegensatz zu Mädchen bereits in der frühen Jugend zur Nahrungsbeschaffung beitrugen, wurden hauptsächlich weibliche Säuglinge getötet. Männer hatten aber aufgrund des Risikos bei der Jagd und bei Rivalitätskämpfen eine höhere Todesquote. Dadurch glich sich das Verhältnis von Männern und Frauen wieder aus. (Lindig, 1972)

---

[1] „Vielweiberei": Ein Mann heiratet mehrere Frauen
[2] „Vielmännerei": Eine Frau heiratet mehrere Männer

2.5 Religion

Die Anpassung und Wirtschaftsweise der Inuit hängt eng mit der Gesellschaftsstruktur, der Mentalität und den religiösen Glaubensvorstellungen zusammen. Die Inuit sahen die Beutetiere nicht als „Ressource" sondern als Teil der Natur. Ebenso wurde die Naturwelt nicht als feindlich sondern als freundlich aufgefasst. Der Jäger sollte dem Wild nicht überlegen sein, sondern mit ihm kooperieren. Um den zukünftigen Jagderfolg nicht zu gefährden, mussten gewisse Tabuvorschriften eingehalten und damit den Tiergeistern Respekt erwiesen werden. So glaubte man beispielsweise, Robben würden immer Durst leiden, da sie im Salzwasser leben. Daher musste man nach dem Erlegen Süßwasser in ihre Schnauze gießen. Die Harpunenspitze musste in der Nacht nach der Jagd auf Meeressäuger neben der Tarnlampe stehen, damit sich die daran befindende Tierseele wärmen konnte. Erlegten Bären wurden kleine Geschenke dargebracht. (Lindig, 1972)

Produkte von Land- und Meerestieren mussten streng getrennt gehalten werden. So durften Robbenfelle nicht im Inland abgezogen oder vernäht werden, Karibufelle nicht auf dem Packeis. Das Fleisch von Land- und Meerestieren durfte nicht zusammen gekocht werden. (Morrison, et al., 1996)

Der Glauben der Inuit ist geprägt vom Schamanismus, der jenem der sibirischen Völker stark ähnelt. Der Schamane wurde bei Problemen wie ausbleibendem Jagderfolg, Bedrohung, ungünstigen Wetterbedingungen oder Krankheit konsultiert. Dabei ließ er sich durch Trommeln und Tragen von Masken in Trance versetzen (siehe Abbildung 20). Wer sich dazu durch Träume berufen fühlte, musste eine Lehre bei einem alten Schamanen durchlaufen. Dabei wurden Tricks erlernt und unter schweren körperlichen Strapazen Fieberwahn und Halluzinationen herbeigeführt. Die Inuit sahen auch im Phänomen der Nordlichter etwas Übernatürliches. (Lindig, 1972)

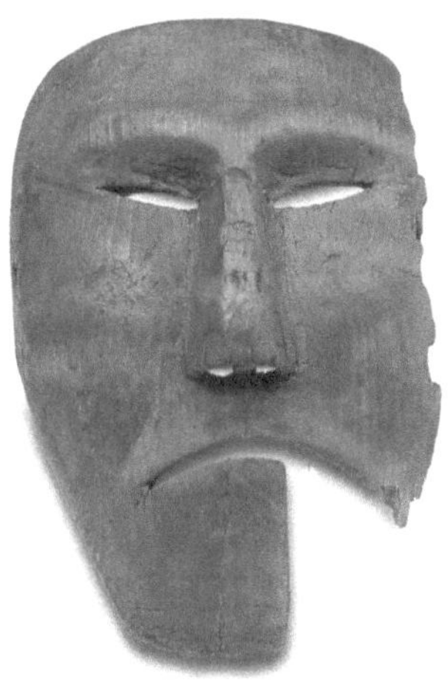

Abbildung 20: Maske eines Schamanen (Morrison, et al., 1996 S. 92)

3 Kontakte mit den Europäern und Akkulturation

3.1 Historische Phase

Der Klimarückgang im Zuge der „kleinen Eiszeit" führte zu einer rückläufigen Entwicklung und zu den wesentlich einfachen Inuit-Kulturen der Neuzeit. Die Kontakte der Inuit mit Europäern waren anfangs nur sporadisch, weshalb sie vorerst keine gravierenden Folgen für die Inuit-Kultur hatten. In Grönland fanden solche Kontakte bereits im Mittelalter statt, und zwar mit den Wikingern und den Grænlendingar (frühe skandinavische Siedler). In einfachen Handelsbeziehungen wurden Tierprodukte gegen Eisen getauscht. Im Gebiet der Beringstraße begannen im 17. Jahrhundert ähnliche Beziehungen mit Russen. Später kamen vereinzelt Entdecker und Missionare in die Arktis. Leider wurden aber dadurch bereits Infektionskrankheiten wie Masern, Pocken, Influenza aber auch Tuberkulose und Geschlechtskrankheiten eingeschleppt, gegen welche die Inuit nicht immun waren. Dies führte dazu, dass viele Inuit-Populationen bereits zu Beginn des 19. Jahrhunderts geschädigt waren. (Morrison, et al., 1996)

In Grönland trafen bereits zu Beginn des 18. Jahrhunderts skandinavische Händler ein. Anfangs beschränkte sich der Handel noch auf Rohprodukte, die nicht für den Lebensunterhalt notwendendig waren; beispielswese Walzähne und Bärenfelle. Später allerdings wurden vermehrt Tran, Robben- und Karibufelle und gegen europäische Nahrungsmittel und Gewehre gehandelt. Dies führte dazu, dass die Inuit nun selbst zur Dezimierung der Bestände beitrugen und immer stärker in Abhängigkeit gerieten. (Lindig, 1972)

In Ostsibirien und Alaska setzte die Kolonialisierung etwas später ein. Im 18. Jahrhundert stießen Walfangflotten in die arktischen Gebiete vor. Dadurch gingen die Walbestände stark zurück. Ähnlich verhielt es sich mit den wegen dem Elfenbein gejagten Walrossen. Im 19. Jahrhundert drang die kommerzielle Pelztierjagd (Jagd mit Fallen) von Kanada sowie von Sibirien ein. Den Inuit wurde anfangs ein lukrativer Pelzhandel unterbreitet (z.B. Hudson Bay Company). Durch den verstärkten Übergang von der traditionellen Jagd zur Pelzjagd wurden die Inuit abhängig von den europäischen Händlern. Außerdem hatte diese neue Jagdmethode einen gravierenden Einfluss auf das soziale Leben. Während die traditionelle Jagd in der Gruppe durchgeführt wurde, konnte das Fallenstellen von Einzelgängern erledigt werden. Dafür sind aber größere Zahlen an Schlittenhunden nötig. (Lindig, 1972)

Neben dem freien Handel wurden aber durchaus auch Handelsbeziehungen erzwungen. Der Handel der Weißen war eindeutig auf Profit ausgerichtet. Bei den Inuit aber war Profit und das Aufhäufen von Gütern verpönt. Dies stellt einen grundlegenden Unterschied zum traditionellen Handel der Inuit dar. Beim diesem wurden Gebrauchsgüter von möglichst gleichem Wert gehandelt, wobei auch eine soziale Verpflichtung eine Rolle spielte. Die

Nachahmung und das Profitdenken mancher Inuit führten daraufhin zu sozialen Problemen in der Gemeinschaft. (Wickler, 1993)

Die angebotenen Nahrungsmittel waren für das Leben in einer rauen Umwelt aufgrund des zu geringen Fettgehaltes ungeeignet. Ebenso waren andere eingetauschte Waren und Geräte für die traditionelle Lebensweise oftmals völlig unpraktisch. Der Konsum des eingeführten Alkohols führte zudem oftmals zu einer Vernachlässigung der Jagd und damit zur Unterversorgung der Familie. (Lindig, 1972), (Wickler, 1993)

Die hartnäckige christliche Mission führte ebenfalls zu eine strukturellen Veränderung der Gesellschaft. Durch die neuen Glaubensvorstellungen (siehe Absatz 2.5) verloren die Inuit die hohe Achtung vor den Jagdtieren. Das Inzesttabu der Missionare (Heirat von Kreuzcousins) sowie der Verbot von Ehebruch (Frauentausch) verringerten die Festigkeit der Blutsbanden sowie der Beziehungen zwischen den Familien. Auch die früher überlebensnotwendigen Praktiken des Aussetzens der Greise und der Säuglingsmord wurden aufgegeben. Allerdings kamen durch die Missionsschulen eine Zeichensprache für das Inuktitut und erste medizinische Versorgung. (Wickler, 1993), (Canada, 1986)

In Kanada sorgten ab dem Beginn des 20. Jahrhunderts vom Militär eingesetzte Beamte für Justiz und Hilfsversorgung in Notsituationen. (Canada, 1986)

3.2 Die Folgen der Akkulturation[1] am Beispiel der Sankt Lorenz Insel

3.2.1 Die St. Lorenz Insel und ihre Geschichte

Die St. Lorenz Insel liegt in der Beringstraße, etwa 100 km vom sibirischen Festland entfernt. Sie wird von den *Yupik* besiedelt, die außerdem auf den Aleuten und auf der Tschuktschen-Halbinsel vorkommen. Die Inuit der St. Lorenz Insel hatten zwar über Inuitgruppen des Festlandes Kontakt zu europäischen Waren; aufgrund der geographischen Lage kamen sie aber erst Mitte des 19. Jahrhundert in Kontakt und Handelsbeziehungen mit europäischen Walfängern. Es kam zu einer Hungersnot, deren Gründe neben ungünstigen klimatischen Bedingungen auch in der Abhängigkeit von europäischen Nahrungsmitteln und dem Alkoholkonsum gesehen werden. 1867 ging die Insel als Teil Alaskas durch Kauf an die USA über. 1894 wurde von Gambell eine Missionsschule errichte. Neben dieser Institution trugen die Fuchsjagd sowie der zunehmende Handel mit Alkohol, Fahrzeugen, Gewehren und Explosivmunition zu einem kulturellen Wandel bei. In Gambell wurde auch der Versuch der Rentierzucht unternommen, um die Inuit von den dezimierten Beständen an Meeressäugern unabhängiger zu machen. Obwohl Lappen eigens für das Anlernen der Rentierzucht angesiedelt wurden, brachte diese nicht die erhofften Erfolge. Die

---

[1] Übernahme von Elementen einer fremden Kultur durch den Einzelnen oder eine Gruppe; kultureller Anpassungsprozess. (Duden) Akkulturation steht meist negativ im Kontext zu festen, irreversiblen Abhängigkeiten. (Wickler, 1993)

Akkulturation verlief hier im Vergleich zu anderen von Inuit bewohnten Gebieten etwas retardiert ab. Dies bot Ethnologen und Ökologen die Möglichkeit, den Übergang von der traditionellen zur modernen Lebensweise der Inuit in detaillierten Studien zu analysieren. (Wickler, 1993)

3.2.2 Innovation und Akkulturation

Bis in die Mitte des 19. Jahrhunderts ließen kleinere technische Innovationen weder feste Abhängigkeiten entstehen, noch hatten sie gravierende Veränderungen zur Folge. So wurden beispielsweise im Hausbau russische Elemente übernommen; Eisenklingen und andere Werkzeuge wurden in traditionelle Werkzeuge und Harpunenspitzen eingebaut (Abbildung 21).

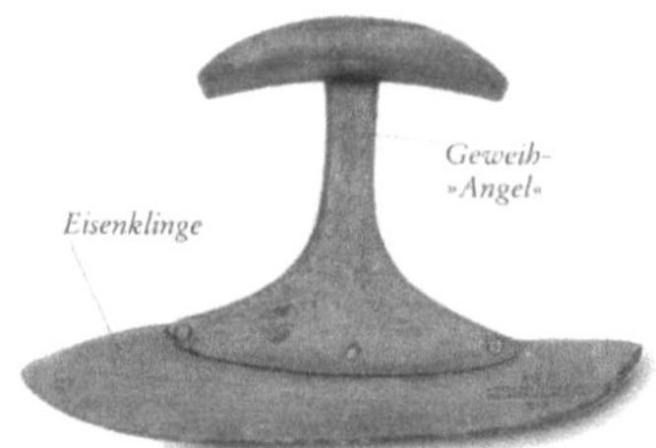

Abbildung 21: Ein traditionelles *Ulu*, aus einem zurückgebliebenem Messer gefertigt
(Morrison, et al., 1996 S. 34f)

Mit der Einfuhr von Genussmitteln, Feuerwaffen, Motoren und Fertighäusern allerdings begann die Akkulturation mit radikalen Veränderungen und tiefgreifenden Folgen. (Wickler, 1993)

Feuerwaffen

Das Gewehr wurde anfangs in das Arsenal der traditionellen Handwaffen aufgenommen. Nach einigen Jahrzehnten wurden der Jagdbogen und die Lanze verdrängt. Die Harpune allerdings kann das Gewehr kaum ersetzen. Das Gewehr erleichterte die Jagd am Atemloch und wurde zusammen mit der Harpune eingesetzt. Dabei wurde das Tier nach dem Harpunieren mit der Leine zum Eisloch gezogen und dort mit dem Gewehr erlegt. Bei der Jagd vom Eisrand, vom Ufer oder vom Boot aus allerdings wurden die Tiere nun mit der Feuerwaffe beschossen, ohne sie vorher zu harpunieren. Die Jagd mit der Feuerwaffe war zwar wesentlich einfacher hatte aber gegenüber der traditionellen Jagdmethode entscheidende Nachteile. Durch das Beschießen werden viele Beutetiere zwar getötet, gehen dann aber durch absinken verloren. Außerdem wurden die Tiere bei einem Fehlschuss durch den Knall verscheucht, während eine lärmfreie Handwaffe mehrere Versuche ermöglichte. Wale wurden nun mit speziellen Gewehren mit Explosionmunition beschossen, nachdem sie harpuniert wurden. Die Einführung der Feuerwaffe führte dazu, dass kaum noch im Winter auf dem Eis sondern vorwiegend im Frühling und Sommer vom Boot oder Ufer aus gejagt wurde. Die Individualjagd gewann zunehmend an Bedeutung während die Hierarchie der Bootsmannschaft und damit die Gruppenstruktur allgemein verloren ging. Trotz der Arbeitserleichterung durch die Verwendung der Feuerwaffen war aufgrund der genannten Nachteile damit nicht zugleich eine gesteigerte Produktivität verbunden. (Wickler, 1993)

Motorisierung

Die Einführung des Außenbordmotors für den Antrieb der traditionellen Umiaks führte seit dem frühen 20. Jahrhundert zu weiteren Veränderungen. Die traditionellen fellbespannten Boote wurden mit einem hölzernen Schacht versehen, in den der Motor gestellt werden konnte (siehe Abbildung 22). Der Motor machte die Paddler überflüssig, was das Gefüge der Mannschaft weiter auflöste. Der Bootsbesitzer steuerte weiterhin das Boot und erteilte dem Motormann die Befehle für die Bedienung des Motors. Mit dem Motor konnten fliehende Beutetiere besser verfolgt werden. Allerdings stellt der Lärm beim langsamen Annähern an die Tiere einen nicht vernachlässigbaren Nachteil dar.

Abbildung 22: Ausfahrt in einem traditionelles *Umiak* mit eingebautem Motor
(Wickler, 1993 S. 36)

An Land wurde der Hundeschlitten als traditionelles Transportmittel nach und nach von dreiachsigen Tundrafahrzeugen abgelöst. Die Fahrzeuge führten dazu, dass das Campleben stark zurückging. Stattdessen kehrten die Jäger nach der Jagd in die Siedlung zurück. Zunehmend wurde das Fahrzeug auch für kleinere und sinnlose Bewegungen innerhalb der Siedlung verwendet, wodurch auch durch diese Innovation kaum eine Produktivitätssteigerung zu bemerken war. Die Haltung und Züchtung von Schlittenhunde wurden zunehmend zum Hobby. (Wickler, 1993)

Hausbau

Vor etwa 200 Jahren wechselten die Inuit auf der St. Lorenz Insel vom halbunterirdischen *Ninglu* zum *Mangterak*, einer Art Holzhaus, das mit Fellen bedeckt wurde. Im frühen 20. Jahrhundert wurden vermehrt Holzhäuser im russischen Stil errichtet, die durch einen doppelschaligen Aufbau gut gedämmt waren. Der Wechsel zwischen Sommer- und Wintersiedlung wurde vorerst beibehalten. Mit der zunehmenden Einfuhr von Heizöl wurden die Tranlampen durch Ölöfen ersetzt. Dadurch wurden die Sommerhäuser zu permanenten aber prekären Wohnsiedlungen. Durch die einsetzende Geldwirtschaft kam der Trend auf, Fertighäuser zu bestellen, die aber für die kalten, schneereichen Winter der Arktis absolut ungeeignet sind.

Geld und Lohnarbeit

In traditionellen Arbeitsgemeinschaften wurden die Produkte entsprechend Gesellschaftlicher Hierarchien verteilt. Diese Art der Güterverteilung wird auch Distribution genannt. Sie wurde von älteren Männern organisiert und war vor allem bei der Waljagd mit mehreren Booten bedeutend. In der Individualjagd allerdings konnte es durch zufällig unterschiedliche Jagderfolge zu starken Unterschieden in den Nahrungsvorräten kommen. In solchen Fällen kam es durch eine von den Frauen organisierte, vorwiegend innerhalb der Verwandtschaft durchgeführte Umverteilung zu einem Ausgleich innerhalb des Dorfes. Dieser Prozess wird Reziprozität genannt. Geleistete Arbeit, beispielsweise das Nähen an einem Umiak, wurde ebenfalls in die Reziprozität eingebunden. (Wickler, 1993)

Das Prinzip der Warenzirkulation auf Basis von Lohnarbeit und Geld wurde von den Inuit aufgenommen, wobei aber Distribution und Reziprozität aufrecht erhalten wurden: In den Dörfern wurden kleine Länden errichtet. Die Inuit verdienten nun etwas Geld durch die Kontakte mit den Europäern aus dem Fellhandel sowie aus Arbeitsplätzen europäischer Institutionen (z.B. Post, Flugplatz, Elektriker). Die Inuit mieden aber die Geldwirtschaft untereinander. Weder wurden Güter aus der Jagd verkauft, noch Arbeitsstunden bzw. Dienstleistungen wie Reparaturen an Motoren oder das Bespannen von Booten gegen Bezahlung angeboten. Allerdings wurden die Importgüter mit Geld bezahlt und gegebenenfalls gegen Geld weiterverkauft. Die Auffassung von Zeit, Arbeitsstunden und Pünktlichkeit sowie das Leistungsprinzip von Industriegesellschaften waren den Inuit fremd. Daher setzte sich die industrielle Art der Arbeitsteilung nur langsam durch. Allgemein kann man davon ausgehen, dass es für die Inuit schwer war, den Zusammenhang zwischen dem Wert von Gütern, Geld und Arbeitszeit zu erfassen. (Wickler, 1993), (Peter Douglas, 1995)

Die Akkulturation aufgrund der Einführung von Industriegütern wie Fertighäusern, Feuerwaffen, Motoren und Geld hatte neben der Veränderung des Sozialgefüges und der Lebensweise vor allem die Abhängigkeit der Inuit zur Folge. Während die Inuit die traditionellen Behausungen, Jagdwaffen und Geräte selbst herstellen konnten, mussten nun Bau-

stoffe, Waffen und Fahrzeuge aber auch Verbrauchsstoffe wie Heizöl, Munition und Treib-
stoffe von den Europäern bezogen werden. (Wickler, 1993)

32

4   Literaturverzeichnis

Barnes, Mike. 1997. alt.usage.english. [Online] September 1997. [Zitat vom: 03. Oktober 2015.] http://alt-usage-english.org/excerpts/fxeskimo.html.

Canada, Minister of Indian Affairs and Norhern Development. 1986. *The Inuit.* Ottawa : Minister of Supply and Services Canada, 1986.

Central Intelligence Agency. 2010. The World Factbook, North America, Greenland. [Online] 2010. [Zitat vom: 18. 2015 Oktober.] https://www.cia.gov/library/publications/the-world-factbook/geos/gl.html.

Dunn, William und West, Linda. 2011. Canada - A Country by Consent. *Native Peoples - Inuit.* [Online] Artistic Productions Limited, 2011. [Zitat vom: 01. Oktober 2015.] http://www.canadahistoryproject.ca/1500/1500-12-inuit.html.

Embassy of the Russian Federation. 2012. Russia, Population Data. [Online] 2012. [Zitat vom: 18. Oktober 2015.] http://www.rusemb.org.uk/russianpopulation/.

Khazaleh, Lorenz. 2003. Die Inuit und die Arktis - eine Einführung. [Online] Januar 2003. [Zitat vom: 02. Oktober 2015.] http://lorenzk.com/ethno/Inuit_und_die_Arktis.html.

Lindig, Wolfgang. 1972. *Die Kulturen der Eskimo und Indianer Nordamerikas.* Wiesbaden : Vertriebsgesellschaft modernes Antiquariat Fourier und Fertig oHG, 1972.

Lyle, Campbell. 1997. *American Indian Languages: The Historical Linguistics of Native Americ.* New York : Oxford University Press, 1997.

McGhee, Robert. 1997. *Ancient People of the Arctic.* Vancouver : UBC Press - University of British Columbia, 1997.

Morrison, David und Germain, Georges-Hérbert. 1996. *Eskimo: Geschichte, Kultur und Leben in der Arktis.* München : Frederking & Thaler, 1996.

Nuttall, Mark. 2000. Die Arktis ist dabei sich zu verändern. *The Arctic Is.* [Online] 2000. [Zitat vom: 06. Oktober 2015.] http://www.thearctic.is/articles/overviews/changing/german/index.htm.

Peter Douglas, Elias. 1995. *Northern aboriginal Cmmunities: Economics and Development.* North York, Ontario : Captus Press, 1995.

Rescheto, Juri. 2014. *Kinder der Tundra - Überleben im Eis (Doku).* Phoenix, 2014.

Statistics Canada. 2008. Aboriginal Population Profile. Census 2006. [Online] Ottawa, 15. Januar 2008. [Zitat vom: 2015. Oktober 18.] http://www12.statcan.gc.ca/census-recensement/2006/index-eng.cfm.

United States Census. 2010. American Indian and Alaska Native Population by Tribe for the United States. [Online] 2010. [Zitat vom: 2015. Oktober 2015.] http://www.census.gov/population/www/cen2010/cph-t/cph-t-6.html.

Vanaland. 2014. Einfluss der Wikinger auf Amerika. *Vanaland - Der alte Pfad.* [Online] 15. September 2014. [Zitat vom: 05. Oktober 2015.] https://vanaland.wordpress.com/2014/09/15/einfluss-der-wikinger-auf-amerika/.

Wickler, Hans Rudolf. 1993. Die Inuit der St. Lorenz-Insel, Band 3. *St. Lorenz Insel-Studien.* Bern, Stuttgart, Wien : Academia helvetica, 1993.

5 Abbildungsverzeichnis

Abbildung 1: Inuitfamilie (Morrison, et al., 1996 S. 153) 5

Abbildung 2: Erste Ausbreitung der Paläo-Eskimo von Sibirien aus. (Kartengrund: Haak Weltatlas-Online, Inhalt nach McGhee, 1997 S. 77) 7

Abbildung 3: Jagd auf Moschusochsen (McGhee, 1997 S. 56f) 8

Abbildung 4: Weitere Einwanderung der Paläo-Eskimo in die östliche Arktis. (Kartengrund: Haak Weltatlas-Online, Inhalt nach McGhee, 1997 S. 97) 9

Abbildung 5: Fein gearbeitete Werkzeuge der Paläo-Eskimo (1000 - 500 v. Chr.) (McGhee, 1997 S. 148 plate 1) 10

Abbildung 6: Harpunenspitze aus Elfenbein mit eingesetzten Steinklingen der Thule-Kultur (Morrison, et al., 1996 S. 40) 11

Abbildung 7: Funktionsprinzip der Inuit-Harpune (Morrison, et al., 1996 S. 74) 13

Abbildung 8: Atemloch-Harpune (Morrison, et al., 1996 S. 77) 14

Abbildung 9: Komposit-Reflexbogen der Inuit (https://www.pinterest.com/pin/427982770810069936/) 14

Abbildung 10: Spitze eines Fischspeeres (Morrison, et al., 1996 S. 121) 15

Abbildung 11: Traditionelles Kajak mit Jagdausrüstung (Morrison, et al., 1996 S. 132f) .16

Abbildung 12: Traditionelles Umiak (Morrison, et al., 1996 S. 127) 16

Abbildung 13: Hoch- und Flachschlitten (mandragoras-schule.de) 17

Abbildung 14: Männerparka und -hose aus Karibufell (Morrison, et al., 1996 S. 63) 18

Abbildung 15: Illustration: Inuit bei der Atemloch-Jagd (Morrison, et al., 1996 S. 76f) 19

Abbildung 16: Das Karibu, wesentliches Jagdwild der Inuit (www.alaska-info.de) 21

Abbildung 17: Typisches Zelt der Inuit (http://www.paradeast.de) 22

Abbildung 18: Illustration eines *Quarmaq* (Morrison, et al., 1996 S. 34) 22

Abbildung 19: Illustration einer Iglu-Siedlung (Morrison, et al., 1996 S. 34f) 23

Abbildung 20: Maske eines Schamanen (Morrison, et al., 1996 S. 92) 26

Abbildung 21: Ein traditionelles *Ulu*, aus einem zurückgebliebenem Messer gefertigt (Morrison, et al., 1996 S. 34f) 29

Abbildung 22: Ausfahrt in einem traditionelles *Umiak* mit eingebautem Motor (Wickler, 1993 S. 36) 30